BEI GRIN MACHT SICH IHR WISSEN BEZAHLT

- Wir veröffentlichen Ihre Hausarbeit,
  Bachelor- und Masterarbeit

- Ihr eigenes eBook und Buch -
  weltweit in allen wichtigen Shops

- Verdienen Sie an jedem Verkauf

Jetzt bei www.GRIN.com hochladen und kostenlos publizieren

Bibliografische Information der Deutschen Nationalbibliothek:

Die Deutsche Bibliothek verzeichnet diese Publikation in der Deutschen National-
bibliografie; detaillierte bibliografische Daten sind im Internet über http://dnb.d-
nb.de/ abrufbar.

Impressum:

Copyright © 2016 GRIN Verlag, Open Publishing GmbH
Druck und Bindung: Books on Demand GmbH, Norderstedt Germany
ISBN: 9783668289840

Dieses Buch bei GRIN:

http://www.grin.com/de/e-book/319271/synthese-pharmazeutischer-wirkstoffe-
geschichte-reaktionsmechanismus

Lena Anna Müller

Synthese pharmazeutischer Wirkstoffe. Geschichte, Reaktionsmechanismus, Herstellung und Reinheitsbestimmung von Acetylsalicylsäure (ASS)

GRIN Verlag

GRIN - Your knowledge has value

Der GRIN Verlag publiziert seit 1998 wissenschaftliche Arbeiten von Studenten, Hochschullehrern und anderen Akademikern als eBook und gedrucktes Buch. Die Verlagswebsite www.grin.com ist die ideale Plattform zur Veröffentlichung von Hausarbeiten, Abschlussarbeiten, wissenschaftlichen Aufsätzen, Dissertationen und Fachbüchern.

Besuchen Sie uns im Internet:

http://www.grin.com/

http://www.facebook.com/grincom

http://www.twitter.com/grin_com

Synthese pharmazeutischer Wirkstoffe am Beispiel Acetylsalicylsäure (Aspirin)

COOH

O — CH$_3$

O

Lena Müller

Klassenstufe 12

Geschwister-Scholl-Gymnasium

Lebach

Inhaltsverzeichnis   Seite

Hintergrundinformationen und geschichtliche Daten   3

  Salicylsäure – der Anfang   3

  Nebenwirkungen der Salicylsäure   3

  Weiterentwicklung   3

  Namensgebung   4

  Verwendung   4

  Wirkungsweise   4

  Nebenwirkungen der Acetylsalicylsäure   5

Synthese von Acetylsalicylsäure   6

  Syntheseablauf   6

    Materialien   6

    Ausführung   7

Methoden zur Bestimmung des Reinheitsgrades   8

  NuclearMagneticResonance-Spektroskopie von Acetylsalicylsäure   8

    ^{13}C – NMR-Spektrum   9

    ^{1}H-NMR-Spektrum   10

    Reelles ^{1}H-NMR-Spektrum Spektrum der Acetylsalicylsäure   11

Reaktionsmechanismus   12

  1. Protonierung von Essigsäureanhydrid   12

  2. Nucleophiler Angriff   12

  3. Abspaltung und Deprotonierung   12

Aufnahme von Acetylsalicylsäure in den Körper   13

Literatur- und Quellenverzeichnis   15

  Sekundärliteratur   15

  Internetquellen   15

  Sonstiges   16

Anhang   17

  Im Labor   18

  Dünnschichtchromatografie   18

  Danksagung   19

Hintergrundinformationen und geschichtliche Daten

Salicylsäure – der Anfang

Bereits in der Antike verwandten Heilkundige als Arznei einen Sud aus Weidenrinde (wissenschaftlich Salix spec.), welcher fiebersenkend, entzündungshemmend und schmerzlindernd wirkt. Die Rinde enthält verschiedene Salicylate, d. h. Derivate der Salicylsäure, denen unter anderem Salicin angehört. Durch die Aufbereitung der Rinde konnte man die sogenannte Salicylsäure, ei-gentlich o-Hydroxybenzoesäure, gewinnen (L. 4. 9., M1 S.1). Sie ist ein Metabolit, ein Zwischenprodukt, der Acetylsalicylsäure, die im Organismus schnell hydrolisiert wird.

Nebenwirkungen der Salicylsäure

Zu den Nebenwirkungen der Salicylsäure gehören Blutungsneigung, Magenschleimhaut-schädigung mit Blutungen, sowie Asthma und Nierenschädigungen (ebd.). Des Weiteren kommt hinzu, dass sie bei oraler Einnahme einen bitteren Geschmack hat. Diese Aspekte führten zur weiteren Forschung und somit zur Verbesserung, um sie als Arznei in der 'Neuzeit' auf den Markt bringen zu können.

Weiterentwicklung

Nach mehreren vergeblichen Versuchen gelang 1897 erstmals im Bayer-Stammwerk die Synthese von nebenproduktfreier o-Acetylsalicylsäure aus Acetanhydrid und Salicylsäure (vgl. http://www.aspi-rin.de/de/magazin/archiv/artikel110jahre.php). Im selben Jahr stellte der Chemiker F. Hoffmann durch eine US-Patentschrift klar, dass ausschließlich bei seinem Verfahren die gewünschte Acetylsalicylsäure in reiner Form gebildet wird (vgl. http://www.freynutrition.de/lexikon-aspirin.html), woraufhin er als wahrscheinlicher Erfinder dieser gilt. In Folge dessen meldet auch Bayer 1921 eine Modifikation dieses Verfahrens zum Patent an.

Namensgebung

„Der Hauptbestandteil des Aspirins®, 2–Acetoxybenzoesäure, heißt mit Trivialnamen Acetylsalicylsäure. [...] Die Kombination aus A(cetyl), Spir(staude) und dem Suffix –in gab dem Schmerzmittel schließlich seinen Namen." (vgl. http://www.wissen.de/wortherkunft/aspirinr). Der Markenname Aspirin wurde schließlich am 6. März 1899 in die Warenzeichenrolle des kaiserlichen Patentamtes aufgenommen (vgl. http://ptaforum.pharmazeutische-zeitung.de/index.php?id=3206).

Verwendung

Vor allem wird Aspirin als Schmerzmittel und Betablocker eingesetzt. Dies „sind eine Reihe ähnlich wirkender Arzneistoffe, die im Körper β-Adrenozeptoren blockieren und so die Wirkung des „Stresshormons" Adrenalin und des Neurotransmitters Noradrenalin hemmen." (KUSCHINKY und LÜLLMANN 1978 S. 102f.). Außerdem dient das Medikament zur symptomatischen Behandlung von Fieber, aber auch bei Schwellungen der Nasenschleimhäute. Da Aspirin als Betablocker gilt, wird es unter anderem bei Herzschmerzen aufgrund von Durchblutungsstörungen in den Herzkranzgefäßen, zur Vorbeugung eines weiteren Herzinfarktes, nach Operationen oder anderen Eingriffen an arteriellen Blutgefäßen, zur Vorbeugung von vorübergehender Mangeldurchblutung im Gehirn und Hirninfarkten und zur Vorbeugung gegen Blutgerinnsel bei Wandveränderungen der Herzkranzgefäße eingesetzt (vgl. http://www.aspirin.de/).

Wirkungsweise

Im Jahr 1971 entdeckte der britische Professor für experimentelle Pharmakologie Dr. Sir J. Vane die Existenz von Prostaglandinen in unserem Körper. Zunächst erhielt unter anderem Vane 1982 den Medizin-Nobelpreis „für Entdeckungen in Hinblick auf Prostaglandine und verwandte biologisch aktive Substanzen" (vgl. http://www.nobelprize.org/nobel_prizes/medicine/laureates/1982/). Wenige Jahre nach seiner ersten Entdeckung folgte eine Weitere: Die Wirkung von Aspirin auf die Suppression der Prostaglandinsynthese (vgl. https://de.wikipedia.org/wiki/John_Robert_Vane). Bei Prostaglandinen handelt es sich um Gewebshormone, die vom Körpergewebe selbst produziert werden.

Sie nehmen unter anderem Einfluss auf die Erweiterung von Blutgefäßen, sowie auf Schmerzzustände und Entzündungen. In der Medizin verwendet man Nachbauten der natürlichen Prostaglandine, aber auch chemisch hergestellte Derivate (KUSCHINKY und LÜLLMANN, 1978 S. 294). Bei jeglichen Problemen in der Geburtsmedizin, bei denen der Uterus kontrahiert werden muss, werden der Patientin Prostaglandine verabreicht. Des Weiteren verhindern sie als Thrombozytenaggregationshemmer Blutverklumpung bei Gefäßentzündungen mit Durchblutungsstörungen (KUSCHINKY und LÜLLMANN, 1978 S. 294).

Die Prostaglandine werden dabei unter Beteiligung des Enzyms Cyclooxygenase (COX) aus Fettsäuren, vor allem der Arachidonsäure, gebildet. Nachdem sie produziert wurden setzt das Gewebe sie in die unmittelbare Umgebung frei, wo sie nur kurz aktiv sind. Die körpereigenen Prostaglandine können mit Hilfe von Gruppen, sowie Untergruppen, unterschieden werden. Abhängig von ihrem Wirkungsort haben sie verschiedene, teilweise sogar gegensätzliche Wirkungen. Zum Beispiel ist die Wirkung von PGE2 unerwünscht, da sie in verletztem Gewebe Entzündungen, Schmerzen und Fieber hervor ruft. An diesem Punkt setzt die Therapie mit Hilfe von nicht-opioiden Schmerzmittel ein. Darunter versteht man Schmerzmittel, welche die Entstehung des Schmerzes vermeiden und nicht hemmen (opioide Schmerzmittel). Zu den Nicht-opioiden gehören Acetylsalicylsäure und weitere Antiphlogistika, welche die Bildung der Prostaglandine unterdrücken. Beide blockieren das Enzym Cyclooxygenase (COX), das für die Herstellung von Prostaglandinen essen-ziell ist. Wird die COX gehemmt, können keine Prostaglandine entstehen und somit keine Schmerzen (KUSCHINKY und LÜLLMANN 1978 S. 296). Andere Wirkstoffe können die spezifische Wirkung einzelner Prostaglandine verstärken. So kann es bei der Gabe von blutgerinnungshemmenden Mitteln zusammen mit Iloprost zu verstärkter Blutungsneigung kommen.

Nebenwirkungen der Acetylsalicylsäure

Zu den häufigen (weniger als 1 von 10, aber mehr als 1 von 100 Behandelten) Nebenwirkungen zählen Magen-Darm-Beschwerden, wie Sodbrennen, Übelkeit, Erbrechen und Bauchschmerzen. Gelegentlich (weniger als 1 von 100, aber mehr als 1 von 1000 Behandelten) treten auch Überempfindlichkeitsreaktionen, wie Hautreaktionen, auf (vgl. http://www.beipackzettel.de/medikament/Aspirin%2520Tabletten/AABEJJ).

Des Weiteren geht man „[d]urch die Einnahme von ASS bei Schmerzen, [...] ein völlig unnötiges Blutungsrisiko ein" , was Wunden wieder bluten lassen kann oder bei Operationen zu Verzögerungen führt.

(vgl.http://www.focus.de/gesundheit/ratgeber/medikamente/risiko/tid-24809/toedliche-schmerzmittel-verbieten-aspirin-und-paracetamol-gefaehrden-leben_aid_703225.html)

Synthese von Acetylsalicylsäure

Syntheseablauf

Materialien

250 ml Dreihalskolben

Rührmaus

Magnetrührer mit Heizfunktion

Spatel / Löffel

Vakuumpumpe

Trichter

Filterpapier

Thermometer

Rückflusskühler

Schmelztemperaturbestimmungsgerät

1,4 mm Kapillarröhrchen

12,5 ml Essigsäureanhydrid (0,132 mol)

11 ml konzentrierte Essigsäure (Eisessig, 0,192 mol)

15,16 g Salicylsäure (0,1098 mol)

70 ml Ethanol (1,199 mol)

destilliertes Wasser

Ausführung

Ziel der Synthese war die Herstellung von Acetylsalicylsäure.

Als erstes wurden 15 g Salicylsäure (0,1086 mol) abgewogen. Diese lag als kristalliner Feststoff vor. Die Einwaage betrug 15,16 g (0,1098 mol). Die folgenden Arbeitsschritte wurden unter Einhaltung der Sicherheitsbestimmungen durchgeführt.

Die Salicylsäure wurde aus dem Schälchen in einen Dreihalslskolben gefüllt. 12,5 ml (0,132 mol) Essigsäureanhydrid und 11 ml (0,192 mol) Eisessig wurden hinzugegeben, wobei beide Flüssigkeiten stark ätzend sind. Außerdem kam eine Rührmaus hinein, die bei den weiteren Schritten eine wichtige Rolle spielt. Der Kolben wurde am Rückflusskühler befestigt. Der andere Hals wurde mit einem Quecksilberthermometer verschlossen, der letzte mit einem Stopfen.

In den folgenden Schritten wurde das Gemisch im Silikonölbad auf 100°C erhitzt. Dieses befand sich auf einer Heizplatte mit integriertem Magnetrührer. Das Besondere an diesem Öl ist seine Siedetemperatur, die bei 220°C liegt. Nach dem Vermischen der Edukte entstand eine Suspension, also ein heterogenes Stoffgemisch. Ziel war die Homogenisierung des Gemisches durch anhaltendes Rühren bei 100°C.

Es wurde beobachtet, dass sich das Gemisch bei ca. 80°C löste. Die Reaktionsdauer für diese Reaktion betrug zwei Stunden bei 100°C, wobei Temperaturschwankungen vermieden werden sollten, da anders Derivatbildungen zu erwarten waren. Nach Reaktionsende musste das Reaktionsgemisch auf Raumtemperatur abkühlen. Nach ca. 30 Minuten war die Temperatur auf 40°C gefallen und die Lösung auskristallisiert. Das Rohaspirin wurde aus dem Kolben in einen Büchnertrichter auf ein Filterpapier gegeben. Unter Zugabe von destilliertem Wasser wurde die überschüssige Essigsäure herausgewaschen. Das Filtrieren war die erste Reinigungsstufe des Rohproduktes.

Im nächsten Arbeitsgang erfolgte eine erneute Reinigung im Dreihalskolben durch Umkristallisation. An einer der Öffnungen wurde mittels eines Tropftrichters eine Lösung aus 140 ml destilliertem Wasser und 70 ml Ethanol zugetropft. Das Gemisch fungierte als Lösungsmittel, in dem sich das Produkt nur mäßig löste, damit es von Verunreinigungen getrennt werden konnte und reinere Kristalle gebildet werden konnten.

Die Acetylsalicylsäure ist aufgrund des unpolaren Benzolrings in polarem Lösemittel Wasser unlöslich, jedoch mäßig in Ethanol. Der Kolben wurde erneut im Ölbad unter Rühren erhitzt.

Ziel war die Reinigung des Rohaspirins durch Umkristallisation. Sobald das Rohprodukt sich gelöst hatte, wurden Magnetrührer und Wärmeplatte entfernt. Nach ca. 15 Minuten, war die Lösung abgekühlt und auskristallisiert. Anschließend erfolgte eine erneute Filtrierung.

Zur Bestimmung des Reinheitsgrades wurde eine Schmelztemperaturmessung durchgeführt. Dieser liegt bei reiner Acetylsalicylsäure bei 136°C. Zur Schmelztemperaturbestimmung des Syntheseproduktes wurde etwas von dem kristallinen Produkt in ein Kapillarröhrchen gegeben und mittels eines Schmelzpunktbestimmungsgerätes erhitzt und durch die eingebaute Lupe beobachtet, wann der Feststoff vollständig geschmolzen war. Bei dem synthetisierten Aspirin lag die Schmelztemperatur in einem Temperaturbereich zwischen 134°C und 144°C, da zur Sicherheit drei Proben getestet wurden. Die Bandbreite des Schmelztemperaturbereiches lag daran, dass sich zu viel Wasser im Produkt befand, was durch einen Exsikkator, unter Vakuum und Trockenmittel, entzogen werden müsste.

Bei der Synthese muss beachtet werden, dass die Esterbildung eine typische Gleichgewichtsreaktion ist.

Methoden zur Bestimmung des Reinheitsgrades

- Schmelztemperatur
- NMR-Spektroskopie

Für die Reinheitbestimmung des entstandenen Produktes wurde die Schmelz-temperaturbestimmung gewählt, da sie am schnellsten und mit hinreichender Genauigkeit durchzuführen war. Alternativ kommt für die Genauigkeit der Bestimmung folgendes Verfahren zur Anwendung:

NuclearMagneticResonance-Spektroskopie von Acetylsalicylsäure

Dieser Begriff bedeutet übersetzt Kernspinresonanzspektroskopie. Diese spektroskopische Methode wird „zur Untersuchung der elektronischen Umgebung einzelner Atome und der Wechselwirkungen mit den Nachbaratomen [...] [genutzt]. Dies ermöglicht die Aufklärung der Struktur und der Dynamik von Molekülen sowie Konzentrationsbestimmungen. Die Kernspinresonanzspektroskopie beruht auf der magnetischen [, resonanten] [...] Wechselwirkung zwischen dem magnetischen Moment [der] Atomkernen der Probe, in einem starken statischen Magnetfeld […], mit einem hochfrequenten magnetischen Wechselfeld. Es sind nur solche Isotope der Spektroskopie zugänglich, die im Grundzustand einen von Null verschiedenen Kernspin und damit ein magnetisches Moment besitzen, zum Beispiel ^{1}H; […] ^{13}C; […] und ^{43}Ca."

(vgl. https://de.wikipedia.org/wiki/Kernspinresonanz-spektroskopie).

Beide Spektren wurden bei einer theoretischen Frequenz von 300 MHz simuliert.

Die Zahlen an den einzelnen Atomen in der Strukturformel (Abb. 2) geben die chemische Verschiebung durch magnetische Effekte in ppm (parts per million) an. Die Werte werden an den Atomen angegeben und im Spektrum als Peak bei dem entsprechenden Wert eingetragen. Somit läge der Kohlenstoff. Bei 166,1 ppm. Die chemischen Verschiebungen ergeben sich durch theoretische Inkrementrechnungen. „Inkremente sind additive Beiträge, die den Einfluss von Nachbaratomen auf den betrachteten Kern und somit seine chemische Umgebung widerspiegeln. Sie setzen sich aus elektronischen und sterischen Beiträgen zusammen und wurden durch die Auswertung einer Vielzahl von Messdaten bestimmt." (vgl. http://www.chemgapedia.de/vsengine/vlu/vsc/de/ch/3/anc/nmr_spek/h_nmr_spektren.vlu/Pag e/vsc/de/ch/3/anc/nmr_spek/m_38/nmr_6_6/inkremente_m38te0702.vscml.html)

Allerdings beeinflussen sich die H-Kerne gegenseitig, wenn sie in nächster Nähe zueinander liegen, was die „Gebirge" im NMR entstehen lässt. Wenn keine Kopplung vorliegt, wird der Peak als Singulett bezeichnet, bei zwei Kopplungen als Dublett, bei drei als Triplett und mehrere undefinierte Gebirge werden allgemein als Multiplett bezeichnet. Am jeweiligen Peak kann man die Lage und die Struktur feststellen, welches H-Atom (Abb. 3) betrachtet wird.

NMR-Spektren werden zur Strukturaufklärung gemacht. Wenn das Ergebnis bekannt ist, kann zwischen erwarteten und reellen Spektren verglichen werden. Bei der Analyse von reellen Spektren liegen mehrere Kopplungen vor, die oft schwer zu trennen sind. Reelle Spektren werden im Labor mit Hilfe des zu analysierenden Stoffes und einem NMR-Gerät hergestellt, wogegen erwartete Spektren am Computer mit speziellen Programmen, z.B. ChemDraw, aufgestellt werden.

^{13}C-NMR-Spektrum

Dabei handelt es sich um ein simuliertes ^{1}H-Breitbanden entkoppeltes Spektrum. Es werden die Kerne des natürlichen ^{13}C-Isotop angeregt, welches im Gegensatz zum ^{12}C-Isotop NMR-aktiviert ist (siehe mit ChemDraw erzeugtes Spektrum auf Seite 10).

ChemNMR ^{13}C Estimation

Estimation quality is indicated by color: good, medium, rough

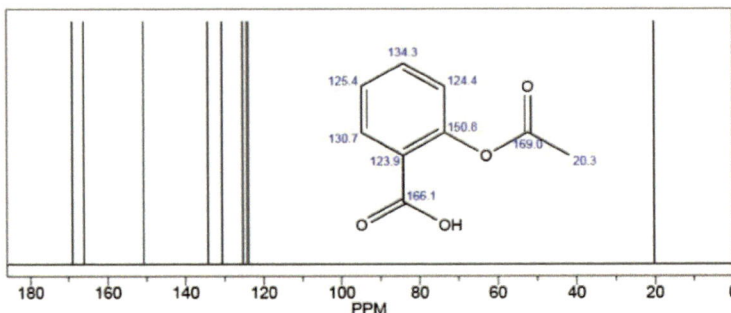

^{1}H-NMR-Spektrum

Beim ebenfalls simulierten ^{1}H-Spektrum werden die H-Kerne angeregt. Allerdings hat Wasserstoff im Gegensatz zum Kohlenstoffisotop eine natürliche Häufigkeit von 100%.

Bei 8,2 ppm ist ein Dublett zu beobachten. Bei 8 ppm liegt ein Multiplett vor. Der Peak bei 2,39 ppm gehört zur Methylgruppe. (Abb. ^{1}H-NMR mit ChemDraw)

ChemNMR ^{1}H Estimation

Estimation quality is indicated by color: good, medium, rough

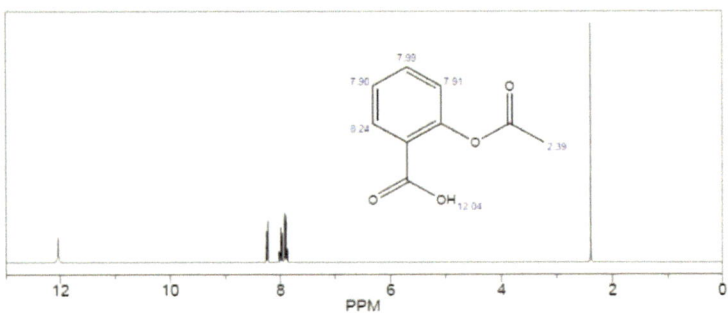

Reelles ^{1}H-NMR-Spektrum Spektrum der Acetylsalicylsäure

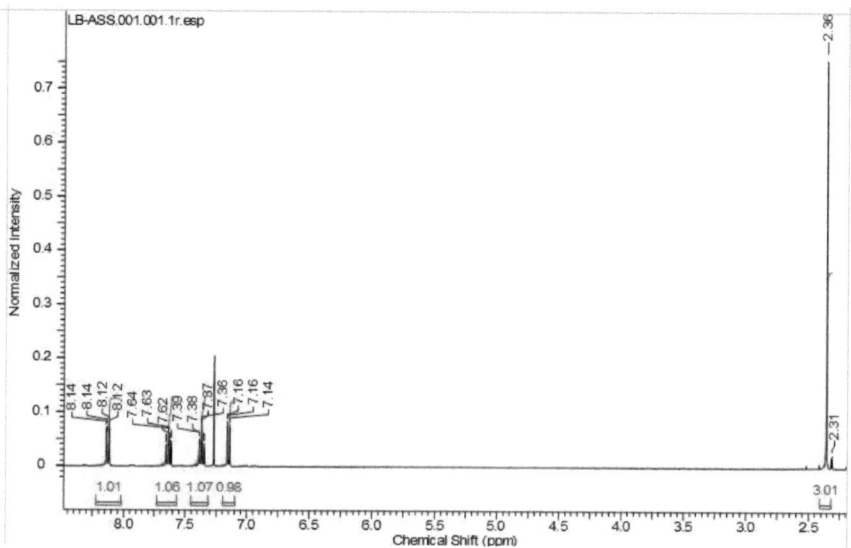

(Abb. aus Aspirin Modulhandbuch UdS)

Die mit dem beschriebenen Verfahren durchgeführte Synthese des Aspirins führte zu dem erwarteten Ergebnis, welches durch die Bestimmung der Reinheit des hergestellten Produktes bestätigt wurde.

Reaktionsmechanismus

1. Protonierung von Essigsäureanhydrid

Im ersten Schritt erfolgt die Protonierung von Essigsäureanhydrid durch Essigsäure. Die Essigsäure als Katalysator führt durch die Protonierung zu einem mesomeriestabilisiertem Hydroxycarbokation. Das bedeutet, dass ein permanenter Wechsel des positiven Ladungsschwerpunktes zwischen O- und C-Atom erfolgt. Die Carbonylgruppe wird für einen nukleophilen Angriff aktiviert. (Die Abbildungen dieser Seite wurden mit Chemsketch erstellt.)

2. Nucleophiler Angriff

Das Sauerstoffatom der Hydroxygruppe der Salicylsäure greift nun die Carbonylgruppe von Essigsäureanhydrid nukleophil an. Es entsteht nach Abspaltung eines Protons ein Intermediat.

3. Abspaltung und Deprotonierung

Durch Protonierung wird Essigsäure abgespalten. Dabei entsteht nach Abspaltung eines Protons Acetylsalicylsäure, das Reaktionsprodukt.

Aufnahme von Acetylsalicylsäure in den Körper

Aspirin gelangt durch orale Einnahme in den Magen-Darm-Trakt unseres Körpers, wo es über die Magenschleimhaut innerhalb weniger Minuten in die Blutbahnen gelangt und von dort zur Leber transportiert wird. Hier wird die Acetylsalicylsäure zu Salicylsäure deacetyliert, d.h., dass die Acetatgruppe abgespalten wird. Der eigentliche Wirkstoff von Aspirin ist die Salicylsäure, das vorherige Produkt dient ausschließlich der verbesserten Aufnahme. „Der passive Transport durch die Zellmembran [des Magens] (Lipid-Doppelschicht) erfolgt durch Diffusion. [...] [Diese] verläuft nach dem Prinzip des Konzentrationsgefälles und wird unter anderem durch die Dosierung, die Lipophilität und [..] den pH-Wert am [..] Resorptionsort [...] beeinflusst."

Acetylsalicylsäure (HA) als Vertreter einer schwachen organischen Säure (pK_S = 3,49) wird vorzugsweise in nichtionisierter Form resorbiert.

In Abbildung 1 wird angenommen, dass die Moleküle der ASS die Magenmembran ohne Hindernis passieren können, wobei beim Diffundieren die H^+ und A-Ionen nicht durchdringen können. Es stellt sich ein Gleichgewicht ein, so dass auf beiden Membranseiten die gleiche Konzentration von Acetylsalicylsäure vorliegt. Auf Grund der differenten Protolyse, der H^+-Übertragung, ist die verfügbare Konzentration im Magen $[C_{(A-)}+C_{(H+)}]$ und im Blut allerdings verschieden.

(PÖTTER, S.17)

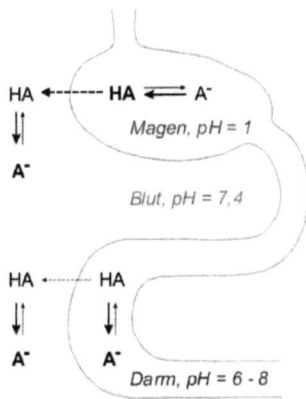

Abb. 1: Resorption von Acetylsalicylsäure (HA: schwache Säure) © Arzneimittel und Chemie, Köln 2002

(Abb. aus PÖTTER, S.17)

Blut:

$$K_s = \frac{c_{H_3O^+} \cdot c_{A^-}}{c_{HA}}$$

$$10^{-pK_s} = \frac{10^{-pH} \cdot c_{A^-}}{c_{HA}}$$

$$10^{-3} = \frac{10^{-7,4} \cdot c_{A^-}}{c_{HA}}$$

$$10^{-3} \cdot c_{HA} = 10^{-7,4} \cdot c_{A^-}$$

$$c_{A^-} = 10^{4,4} \cdot c_{HA}$$

$$c_{HA} \cdot c_{A^-} = c_{HA} \cdot (1 + 10^{4,4})$$

Magen:

$$K_s = \frac{c_{H_3O^+} \cdot c_{A^-}}{c_{HA}}$$

$$10^{-pK_s} = \frac{10^{-pH} \cdot c_{A^-}}{c_{HA}}$$

$$10^{-3} = \frac{10^{-1} \cdot c_{A^-}}{c_{HA}}$$

$$10^{-3} \cdot c_{HA} = 10^{-1} \cdot c_{A^-}$$

$$c_{A^-} = 10^{-2} \cdot c_{HA}$$

$$c_{HA} \cdot c_{A^-} = c_{HA} \cdot (1 + 10^{-2})$$

Da c_{HA} im Blut und im Magen gleich groß ist, gilt:

$$\frac{c_{HA} \cdot c_{A^-} \text{ im Blut}}{c_{HA} \cdot c_{A^-} \text{ im Magen}} = \frac{1 + 10^{4,4}}{1 + 10^{-2}} = \frac{24871}{1} \approx \frac{25000}{1}$$

(Abb. oben: Resorption Magen, Abb. unten: Resorption Darm, beide aus PÖTTER, S.22)

In den Abbildungen zu Magen und Darm wird sichtbar, dass die Acetylsalicylsäure besser vom Magen als vom Darm ins Blut resorbiert wird.

Blut:

$$K_s = \frac{c_{H_3O^+} \cdot c_{A^-}}{c_{HA}}$$

$$10^{-pK_s} = \frac{10^{-pH} \cdot c_{A^-}}{c_{HA}}$$

$$10^{-3} = \frac{10^{-7,4} \cdot c_{A^-}}{c_{HA}}$$

$$10^{-3} \cdot c_{HA} = 10^{-7,4} \cdot c_{A^-}$$

$$c_{A^-} = 10^{4,4} \cdot c_{HA}$$

$$c_{HA} \cdot c_{A^-} = c_{HA} \cdot (1 + 10^{4,4})$$

Darm:

$$K_s = \frac{c_{H_3O^+} \cdot c_{A^-}}{c_{HA}}$$

$$10^{-pK_s} = \frac{10^{-pH} \cdot c_{A^-}}{c_{HA}}$$

$$10^{-3} = \frac{10^{-6,8} \cdot c_{A^-}}{c_{HA}}$$

$$10^{-3} \cdot c_{HA} = 10^{-6,8} \cdot c_{A^-}$$

$$c_{A^-} = 10^{3,8} \cdot c_{HA}$$

$$c_{HA} \cdot c_{A^-} = c_{HA} \cdot (1 + 10^{3,8})$$

Da c_{HA} im Blut und im Darm gleich groß ist, gilt:

$$\frac{c_{HA} \cdot c_{A^-} \text{ im Blut}}{c_{HA} \cdot c_{A^-} \text{ im Darm}} = \frac{1 + 10^{4,4}}{1 + 10^{3,8}} = \frac{25119}{6310} \approx \frac{4}{1}$$

Literatur- und Quellenverzeichnis

Sekundärliteratur

- Kuschinsky, Gustav; Lüllmann, Heinz: Kurzes Lehrbuch der Pharmakologie und Toxikilogie: 8. Auflage – Stuttgart: Thieme, 1978

Internetquellen

- http://www.freynutrition.de/lexikon-aspirin.html , 10.01.2016, FREY Nutrition®, Patent ASS
- http://www.carreira.ethz.ch/education/praktikum/musterbericht , 31.01.2016, ETH Zurich
- http://www.chemgapedia.de/vsengine/vlu/vsc/de/ch/3/anc/nmr_spek/h_nmr_spektren. vlu/Page/vsc/de/ch/3/anc/nmr_spek/m_38/nmr_6_6/inkremente_m38te0702.vscml.ht ml , 28.02.2016, Wiley Information Services GmbH
- http://ptaforum.pharmazeutische-zeitung.de/index.php?id=3206 , 10.01.2016, © 2016 Govi-Verlag, Aufnahme des Names Aspirin im Patentamt
- http://www.wissen.de/wortherkunft/aspirinr , 12.08.2015, © 2014-2016 Konradin Medien GmbH, Wortherkunft Aspirin
- http://www.onmeda.de/Wirkstoffgruppe/Prostaglandine.html , 10.01.2016, 2016 gofeminin.de GmbH, Wirkung Prostaglandine, gofeminin.de GmbH
- http://www.aspirin.de/ , 12.08.2015, Anwendung ASS, Bayer AG
- https://de.wikipedia.org/wiki/John_Robert_Vane , 12.08.2015, Geschichte ASS, Wikimedia Foundation Inc.
- http://www.nobelprize.org/nobel_prizes/medicine/laureates/1982/ , 12.08.2015, Nobelpreosträger und Entdecker der Prostaglandine, Nobel Media AB 2016
- http://www.copdundlunge.de/aktuelles-inhalte/items/auch-lungenpatienten-mit-herz-gefaess-leiden-duerfen-betablocker-einnehmen.html , 10.01.2016, Betablocker, COPD & Lunge
- http://www.beipackzettel.de/medikament/Aspirin%2520Tabletten/AABEJJ , 20.10.2015, Nebenwirkungen Aspirin, ePrax AG SCHOLZ Datenbank
- http://www.focus.de/gesundheit/ratgeber/medikamente/risiko/tid-24809/toedliche-schmerzmittel-verbieten-aspirin-und-paracetamol-gefaehrden-leben_aid_703225.html , 21.10.2015, Nebenwirkungen, FOCUS-Online-Autorin Anna Vonhoff
- https://de.wikipedia.org/wiki/Kernspinresonanzspektroskopie , 27.10.2015, NMR-Spektroskopie Begriffserklärung, Wikimedia Foundation Inc.
- http://www.aspirin.de/de/magazin/archiv/artikel110jahre.php , 03.11.2015 , Weiterentwicklung ASS, BAYER AG
- http://www.techniklexikon.net/images/d1848_duennschichtchromatographie.gif , 10.01.2016, Abb. 1 DC, Hambra Webservices
- http://www.chemie.de/lexikon/Trennverfahren.html , 28.01.2016, Definition DC, CHEMIE.DE Information Service GmbH

Sonstiges

- Dr. Pötter: Unterrichtsmaterialien 8. Aspirin – Vom Weidesud zum modernen Schmerzmittel, RAAbits Chemie II/C M1
- L.4.9.– Dr. U. Reichel, Dr. M. Schade: Biochemie und Stoffwechsel: Physiologie und Ernährung, 6262 Unterrichts-Materialien Chemie, Stark Verlag
- Laborbesuch zur Synthese an der Universität des Saarlandes bei Prof. Dr. A. Speicher und Mitarbeitern
- Sabine Fey, Andreas Speicher, Rolf Hempelmann: Modulhandbuch Aspirin, Schülerlabor Uds
- Computerprogramm Chemsketch und Chemdraw Freeware; Anwendung: Zeichnen Reaktionsmechanismus und Simulation NMR
- Julien König, Chemiestudent, UdS; Art der Unterstützung: Beschreibung einer NMR - Spektroskopie
- Klaus-Dieter Zils, Studiendirektor, Geschwister-Scholl-Gymnasium Lebach; Art der Unterstützung: Unterrichts-Materialien

Anhang

Im Labor

 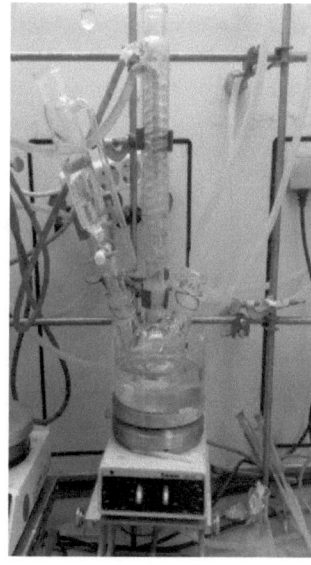 

Erhitzen der Produktzugabe   Ethanol-Wasser Gemisch   Reinigung durch Filtration

auskristallisierte ASS im Dreihalskolben vor der Filtration

fertiges Aspirin

Dünnschichtchromatografie

Eine weitere Methode zur Reinheitsbestimmung

Diese ist ein physikalisch-chemisches Trennverfahren, bei dem ein Stoff durch Adsorption und/oder mit der verbundenen Verteilung getrennt wird. Hierzu gibt man ihn auf einen Träger, die DC-Platte, z.B. Aluminium-Folie, mit einem Fließmittel. Hinzu kommt eine dicke Schicht des Sorbens, z.B Kieselerde oder Cellulose. Alleine durch Kapillarkräfte wird das Fließmittel durch die Sorbenschicht bewegt und zieht somit das analysierende Gemisch mit.

den entsprechenden Reinstoff entsprechend seinem R_f-Wert mit. Da jeder Stoff bei der DC

seinen charakteristischen R_f-Wert hat, kann er, der Stoff, der Verteilung zugeordnet werden

(vgl. http://www.chemie.de/lexikon/Trennverfahren.html)

Der R_f-Wert berechnet sich als Quotient der Laufstrecke der Substanz zur Laufstrecke des Fließmittels vom Startpunkt aus bei einer definierten Sorbens/Fließmittel-Kombination.
Er gilt nur für einen Stoff bei bestimmten Trägermaterial und Fließmittel (kombi-charakteristisch).

$R_f = S_a / S_b$

S_a - Strecke zwischen Startlinie und Substanzzone

S_b - Strecke zwischen Startlinie und Fließmittelfront

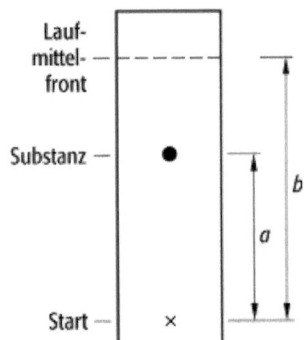

Abb. Dünnschichtchromatografie

(Abb. vgl. http://www.techniklexikon.net/images/d1848_duennschichtchromatographie.gif)

Vielen Dank, vor allem an

Herr Prof. Dr. A. Speicher
und sein Team der Organischen Chemie
der UdS

Herr K.-D. Zils

Betreuer
Julien König,
angehender Bachelor of Science